AI
高效制作PPT

朱晔 郭泽德 蔡洁 著

中国出版集团
中译出版社

图书在版编目（CIP）数据

AI 高效制作 PPT／朱晔，郭泽德，蔡洁著．-- 北京：中译出版社，2024. 11. -- ISBN 978-7-5001-7956-6

Ⅰ．TP391. 412

中国国家版本馆 CIP 数据核字第 2024AN1042 号

AI 高效制作 PPT

AI GAOXIAO ZHIZUO PPT

出版发行	中译出版社
地　　址	北京市西城区新街口外大街 28 号普天德胜大厦主楼 4 层
邮　　编	100088
电　　话	（010）68359827，68359303（发行部）；
	（010）68002876（编辑部）
电子邮箱	kids@ ctph. com. cn
网　　址	http：//www. ctph. com. cn
责任编辑	张　猛
装帧设计	人文在线
印　　刷	三河市龙大印装有限公司
规　　格	880 毫米×1230 毫米　1/32
印　　张	4. 25
字　　数	83 千字
版　　次	2025 年 1 月第 1 版
印　　次	2025 年 1 月第 1 次

ISBN 978-7-5001-7956-6　　定价：39. 80 元

序言 1

在当今信息时代，人工智能技术正以前所未有的速度改变着我们的工作和生活方式。作为一种高效的办公工具，PPT 制作在各个领域中占据了重要位置。然而，传统的 PPT 制作过程常常耗时费力，难以满足快速、高效、精美的需求。基于此，《AI 高效制作 PPT》一书应运而生，为广大用户提供了一条借助 AI 技术提升 PPT 制作效率的新路径。

本书全面介绍了如何利用最新的 AI 工具和技术，轻松制作出高质量的 PPT。全书分为多个章节，涵盖了从基本工具介绍到具体实战操作的详细内容。作者不仅介绍了 WPS AI、Microsoft Copilot 等主流 AI 引擎的功能和使用技巧，还详细讲解了各类 AI 辅助工具、插件及网页应用的实际操作方法。通过大量的案例和实操演示，读者可以直观地了解如何快速生成 PPT 内容、优化布局、提升视觉效果，从而在最短的时间内完成高质量的 PPT 制作。

特别值得一提的是，本书不仅适合职场人士和商务用户，还专门设置了学术类 PPT 制作章节，详细解析了如何利用 AI 技术制作学术报告、论文答辩等专业 PPT。这无疑为广大教育工作者和科研人员提供了极大的便利和支持。

《AI 高效制作 PPT》一书逻辑清晰、内容详实，既有理论高度，又有实践深度，是一本不可多得的实用指南。它不仅帮助读者掌握最新的 AI 工具，还能有效提升 PPT 制作的效率和质量，让 PPT 真正成为展示思想、传递信息的强大助手。

无论你是初学者还是有经验的 PPT 制作者，这本书都将为你打开一扇新的大门，让你在 AI 技术的帮助下，轻松应对 PPT 制作的各种挑战。希望本书能够成为你的得力助手，为你的工作和学习带来更多的便利和创意。

让我们一起迈入 AI 赋能的高效办公新时代！

刘懿德，澳门科技大学教授

序言 2

在现代办公和教育环境中，PPT 已成为一种不可或缺的表达工具。无论是企业的战略汇报，还是教师的课堂教学，优质的 PPT 都能显著提升信息传达的效果。然而，传统的 PPT 制作过程常常耗时费力，令许多人望而却步。正因如此，《AI 高效制作 PPT》这本书的出版显得尤为及时和重要。

我有幸见证了 WPS AI 在 PPT 制作领域带来的革命性变化。本书详细介绍了如何利用 WPS AI 及其他先进的 AI 工具，实现 PPT 制作的智能化和高效化。通过一键生成内容、智能优化排版和自动配图等功能，WPS AI 极大地简化了 PPT 的制作过程，让每一位用户都能轻松制作出专业而美观的演示文稿。书中不仅涵盖了 WPS AI 的基础功能，还通过丰富的实操案例，深入讲解了具体应用场景下的操作技巧。无论你是职场新人，还是资深讲师，抑或是需要经常制作 PPT 的企业高管，这本书都能为你提供实用的指导和灵感。《AI 高效制作 PPT》不仅是一部工具指南，更是一把开启高效办公与智能化学习之门的钥匙。它帮助我们更好地利用 AI 技术，提高工作效率，增强信息传达的效果。我相信，这本书将成为所有 PPT 制作者的得力助手，让我们的每一次展示都更加精彩和成功。我在此诚挚推荐本书！

万斌，金山办公教育事业部副总经理

目 录

第1章 AI PPT 科技发展全景地图

随着人工智能技术的发展，市场上出现了越来越多的 AI PPT 制作工具，为用户提供了更便捷、更智能、更专业的 PPT 制作服务。这些工具可以帮助用户快速生成 PPT 内容、设计 PPT 布局、优化 PPT 效果、提升 PPT 质量，从而节省时间、提高效率、增强信心。本章将目前主流的 AI PPT 制作工具分为三类：主引擎、网页应用、插件与快捷工具。

1.1 AI PPT 制作主引擎

主引擎是指基于大语言模型（Large Language Model，LLM）的 AI PPT 制作工具。它们可以利用 AI 技术生成 PPT 的内容、结构、逻辑和风格，甚至可以根据用户的输入或语音进行交互和反馈。目前，主要有两款主引擎工具：WPS AI 和 Microsoft Copilot。

1.1.1 WPS AI

WPS AI 是金山办公发布的一款具备大语言模型能力的人工智能应用,为用户提供智能文档写作、阅读理解和问答、智能人机交互等服务。WPS AI 可以帮助用户生成 PPT 文档,并提供美化、缩短、续写等功能。WPS AI 还可以根据用户的语音输入,自动转换为文本,并生成相应的 PPT 内容和布局。

1.1.2 Microsoft Copilot

Microsoft Copilot 是微软推出的一款基于 GPT-4 的 AI PPT 制作工具。它可以利用 AI 技术提升用户的生产力、解锁用户的创造力,通过一个简单的聊天界面,帮助用户更好地理解信息。Microsoft Copilot 可以在微软 365 的应用中使用,包括 Word、Excel、PowerPoint、Outlook 和 OneNote。Microsoft Copilot 还可以与用户进行语音交互,生成图像和图表,提供专业的样式和模板。

1.2 AI PPT 制作网页应用

网页应用是指基于网页端的 AI PPT 制作工具,它们可以让用户在线快速制作漂亮的 PPT,无须下载安装任何软件。这些工具通常提供丰富的模板、图形、图表和图标库,支持一键优化和智能图表设计。目前，三款主要网页应用工具是：Gamma、Mindshow 和讯飞智文。

1.2.1　Gamma

Gamma 是一款领先的在线网页版 PPT 制作平台，它的功能毋庸置疑，输入一句话后，AI 能在几秒钟内生成 PPT 的内容提纲，然后套用模板进入编辑页面。它的界面简洁清晰，且功能强大，可以所见即所得地修改内容，调用模板库换布局和样式，还拥有在线协作、在线演示等功能。

1.2.2　Mindshow

Mindshow 是一款基于虚拟现实的 AI PPT 制作工具，可以让用户创建自己的短动画，并录制和分享给他人。Mindshow 利用 VR 技术，让用户可以在虚拟场景中扮演不同的角色，通过手势和语音控制动作和表情，生成有趣和生动的 PPT 内容。Mindshow 还提供了各种主题和风格的场景和角色，以及音乐和音效，让用户可以根据自己的想法进行创作。

1.2.3　讯飞智文

讯飞智文是科大讯飞推出的一款人工智能文档创作平台，支持多种语言和内容格式，能快速生成 PPT 文档，并提供美化、缩短、续写等功能。讯飞智文还可以根据用户的输入或语音，提供智能解析内容、语篇规整、文章改写、多国语言翻译等功能，提高写作效率和质量。讯飞智文还提供内容合规检测功能，拦截文本中的涉黄、涉政、违禁词等不当内容，保障数据的正确性和隐私性。

1.3 AI PPT 插件

插件与快捷工具是指基于 PPT 软件的 AI PPT 制作工具，可以为用户提供更专业的 PPT 设计和排版功能，帮助用户快速实现各种等宽、等高、等大小，以及延伸、裁剪、布局、对齐等操作。目前，主要有两款插件与快捷工具：iSlide AI、Quiker。

1.3.1 iSlide AI

iSlide AI 是一款简单、好用的 PPT 插件，拥有 30 万+原创可商用 PPT 模板、PPT 主题素材、PPT 案例、PPT 图表、PPT 图示、PPT 图标、PPT 插图和 800 万+正版图片。iSlide AI 还提供了 38 个设计辅助实用功能，一键解决 PPT 设计制作中的难题，生成 PPT 大纲，生成单页，替换单页，处理文本（包括扩充文本、润色文本、拆分文本、精简文本和翻译文本等多个功能，能够自动去除文本中的冗余信息，生成相关的段落、标题、列表等文本内容）。

1.3.2 Quiker

Quiker 是一款 Windows 效率神器，可以让用户通过鼠标或键盘快速触发各种操作，实现快速触发和自动化的功能。Quiker 提供了一个可以随时激活的快捷面板，用户可以把最常用的操作放在面板上，轻点即达；还提供了丰富的基础模块和扩展模块，用户可以像搭积木一样设计组合动作，实现各种特定的功能，或者从动作库中安装和使用其他用户分享的动作。用户可以通过 Quiker 快速打开 PPT 软件、选择模板、插入图片、调整格式、添加动画等，提高 PPT 制作的效率和质量。

1.4 AI PPT 配图

在 PPT 制作过程中，配图是不可或缺的一环，它能够有效地辅助文字内容，增强观众的理解和记忆。随着人工智能技术的进步，AI 在 PPT 配图方面的应用也越来越广泛和深入。以下是几种 AI 在 PPT 配图方面的主要应用。

1.4.1 AI 搜图

AI 搜图工具能够根据用户输入的关键词或描述，智能地从海量图片资源中筛选和推荐最符合要求的图片。这些工具通常具备强大的图像识别能力和搜索算法，能够理解用户的搜索意图，并提供高相关性的图片搜索结果。此外，AI 搜图工具还能够根据用户的使用习惯和偏好，不断优化搜索结果，提高搜索的准确性和个性化程度。

1.4.2 AI 抠图

AI 抠图技术是指利用人工智能算法自动识别图片中的主体和背景，并将它们分离开来。这项技术在 PPT 配图中非常有用，尤其是当需要将特定对象或人物从复杂背景中提取出来时。AI 抠图工具能够节省用户手动操作的时间，同时提供精确的抠图效果，确保图片的质量和可用性。

1.5 AI PPT 制作工具概览图

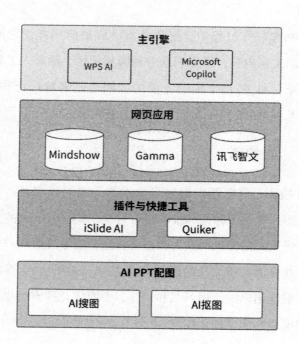

第 2 章　主引擎 WPS AI 实战详解

2.1　WPS AI PPT 概览

WPS AI PPT 是 WPS 办公软件中的一项智能功能，它可以帮助你快速制作出专业而美观的 PPT。无论你是要做商务汇报、教学演示、产品推广，还是个人展示，WPS AI PPT 都能为你提供合适的解决方案。

WPS AI PPT 经过几次更新迭代后，目前留下了两大核心功能，分别是 AI 一键生成 PPT 和 Word 文档 AI 转为精美 PPT。这两个功能中的任意一个都可以让你省去大量的时间和精力，让你的 PPT 制作过程更加高效和轻松。

2.2　WPS AI PPT 两大核心功能

1. AI 一键生成 PPT

AI 一键生成 PPT 是指通过输入你的 PPT 主题或 1500 字以

内的文字，WPS AI PPT 就可以为你自动生成 PPT 的大纲和内容，包括文字、图片、图表等。你可以根据生成的结果进行选择和调整，也可以使用 WPS AI PPT 提供的排版美化功能，快速更改 PPT 的主题、配色、字体等。

2. Word 文档 AI 转为精美 PPT

Word 文档 AI 转为精美 PPT 是指通过上传你已经编写好的 Word 文档，让 WPS AI PPT 将文档中的内容转换为 PPT 的形式，包括文字、图片、图表等。你可以根据转换的结果进行选择和调整，也可以使用 WPS AI PPT 提供的排版美化功能，快速更改 PPT 的主题、配色、字体等，让你的 PPT 更加精美和专业。这个功能可以让你充分利用已有的文档资源，避免重复劳动，提高的工作效率。

WPS AI PPT 是一款强大而实用的智能 PPT 制作工具，它可以让你的 PPT 制作过程更加简单，内容更加丰富有趣，令人印象深刻。在本书中，我们将详细介绍 WPS AI PPT 的两大核心功能的使用方法和技巧，以及一些案例实操，希望能够帮助你掌握 WPS AI PPT 的精髓，让你的 PPT 制作水平更上一层楼。

2.3 案例实操：一键生成领导交代的市场调研 PPT

1. 制作案例

领导突然让你做个新能源汽车市场分析的 PPT，第二天一早就要用，你要怎么办呢？

2. 传统步骤

你是不是这样做？

（1）收集材料

根据领导布置的主题，在网上搜索与收集相关材料。

（2）寻找模板

到处寻找模板，好看的模板全都要付费或只提供给会员。

（3）修改模板

把收集的素材套到模板中，这样非常消耗时间。

3. WPS AI PPT 高效解决

（1）开启 WPS AI

首先，打开 WPS，新建演示文档，然后点击"WPS AI 一键生成幻灯片"。

（2）输入主题或文本大纲

在弹出的 AI 对话框中，输入要生成的 PPT 主题"新能源汽车市场分析"。

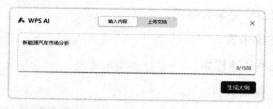

（3）一键生成大纲

点击"生成大纲"，AI 会自动根据"新能源汽车市场分析"主题制作 PPT 大纲，大纲每一章的内容可以根据实际需求进行修改。

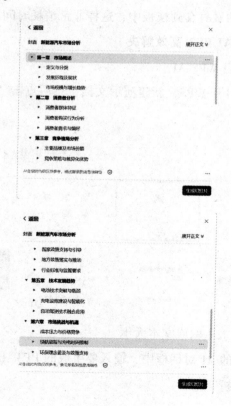

（4）挑选模板

点击"生成幻灯片"后，会在右侧出现 WPS AI PPT 自带的模板库，选择适合自己制作需求的模板，系统模板库中的第一个模板较为贴合新能源汽车主题，我们选择第一个模板，最后点击"创建幻灯片"。

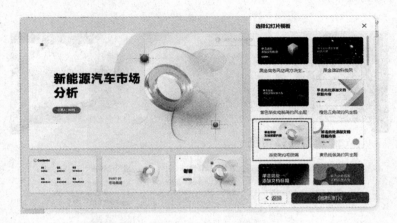

（5）成品展示

虽然只在 WPS AI PPT 聊天框输入了 9 个字的主题，但是在 10 秒内，WPS AI 快速制作出了 27 页 PPT。

（6）效果测评

图文并茂，并且排版工整，最关键的是 PPT 中涉及的内容较为真实，这些内容是 WPS AI 经过网络检索相关信息后梳理制作的，而不是胡编乱造的。与传统的制作方式相比，效率得到大幅提升。

2.4　案例实操：公司周年庆活动策划 Word 文档秒变 PPT

1. 案例背景

公司计划组织周年庆活动，已经有了 1000 字的策划方案，交给你制作成 PPT。你该如何制作？

2. 文档内容

（1）活动主题

"共创辉煌，携手未来"，旨在强调团队合作的重要性和对未来发展的共同期待。

（2）活动的核心理念

围绕着感谢与激励。我们希望通过这次活动，向所有员工表达对他们辛勤工作和奉献的感激之情，同时激发团队的士气，增强凝聚力。

活动安排：在整个庆典中，我们将安排一系列精彩活动，包括但不限于员工聚会、表彰仪式以及各种娱乐互动环节，让员工在轻松愉悦的氛围中享受庆祝的时刻。

（3）筹备小组

为了确保活动的顺利进行，我们成立了一个由不同部门代表组成的筹备团队。这个团队将负责活动的整体规划和细节安排，确保每一分项活动都能顺利进行，为所有参与者创造难忘的记忆。

（4）筹备工作

我们特别强调对员工意见的收集和反馈。通过问卷调查和小组讨论，我们将广泛收集员工对于活动内容、形式等方面的建议和期望，以确保活动内容能够符合大多数员工的喜好和兴趣。

3. 传统方法

你是不是这样做？

（1）寻找模板

好看的 PPT 模板除了收费，往往还面临模板页数不够的情况。

（2）修改模板

把文字装进模板，需要进行大量的修改。

（3）设计排版

在修改过程中，面临版式错位，需要进行大量的重新排版设计。

4. WPS AI PPT 高效解决

（1）启动 WPS AI PPT

在 WPS 功能栏最右侧，点击"WPS AI"后，对话框自动弹出。

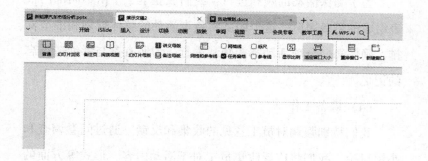

（2）上传文档

在 WPS AI PPT 对话框中，点击"上传文档"，将活动策划的 Word 文档上传。这里需要注意，上传的 Word 文档不能大于 10MB。

（3）生成大纲

根据 Word 文档内容，WPS AI 快速识别并制作出 PPT 大纲，大纲可以根据实际需要进行修改。

（4）挑选模板

点击"生成幻灯片"后，会弹出模板库，根据活动策划主题，选择适合的晚会主题模板。

（5）成品展示

AI 根据生成的大纲，快速制作了 9 页 PPT。

（6）效果测评

与传统制作方式相比，AI 快速制作出了图文并茂的 PPT，排版整齐，虽然存在部分页面原文内容被大幅删减的情况，但通过后期小幅度修改，就可以满足使用要求，大幅提升了效率。

第3章 主引擎 Microsoft Copilot 实战详解

3.1 Microsoft PPT Copilot 概览

在 AI 办公的新时代，Microsoft PPT Copilot 作为一款创新的 AI 工具，为用户提供了一个简单、直观且功能强大的演示文稿制作解决方案。它利用先进的人工智能技术，理解用户的自然语言指令，从而帮助用户创建、编辑和改善演示文稿。

Microsoft PPT Copilot 的核心优势在于其能够自动生成演示文稿的初稿，并提供专业的设计建议。它能够组织 PPT 内容，根据用户的品牌风格定制幻灯片或图像，并提供高质量的建议。这些功能使用户能够从头开始轻松创建美观且内容丰富的 PPT。

3.2　Microsoft AI PPT 两大核心功能

1. Microsoft PPT Copilot 功能

PPT Copilot 是 Microsoft 365 商用版本中的一部分，它集成了大语言模型（LLM）和 Microsoft Graph 中的数据，帮助用户通过自然语言命令创建、编辑和改善演示文稿。PPT Copilot 不仅能自动生成演示文稿的草稿，还能提供设计建议，组织 PPT 内容，并根据用户的品牌风格定制幻灯片或图像。它还通过提供高质量内容和量化内容的视角建议，帮助用户从头开始轻松创建美观且内容丰富的 PPT。

2. 微软 PowerPoint AI 设计器功能

PowerPoint AI 设计器利用 AI 技术自动为用户的幻灯片提供专业的设计建议，帮助用户快速创建视觉吸引力强的演示文稿。无论是插入图片、列表还是日期，设计器都能提供多种设计方案供用户选择。它还能将文本转换为易于阅读的 SmartArt 图形，为带有关键术语和概念的幻灯片提供插图，以及为幻灯片提供专业布局和高质量的照片建议，这些照片完全授权用于商业用途。

设计器的新功能还包括为大型企业和中小企业用户提供的品牌模板支持，以及为那些没有品牌模板但希望快速开始的用户提供主题创意。这些功能旨在帮助人们在保持创意流动的同时，用最少的时间和精力制作有效的幻灯片演示文稿。

综上所述，无论用户是希望从头开始创建演示文稿，还是想要改进和优化现有的演示文稿，Microsoft PPT Copilot 和 PowerPoint AI 设计器都提供了强大的工具和功能，以支持用户的需求。通过这些 AI 驱动的功能，用户可以更加自信地创建和呈现他们的想法，从而在各种场合下取得成功。

3.3 案例实操：Copilot 一键生成蓝牙音箱产品介绍 PPT

1. 案例背景

公司马上发售蓝牙音箱产品，需要介绍产品的 PPT。你该怎么制作呢？

2. 传统步骤

你是不是这样做？

（1）收集材料

准备大量的蓝牙音箱产品材料。

（2）寻找模板

查找市面上已经上市的智能音箱产品 PPT 模板作为参考。

（3）修改模板

将收集的素材套到模板中。

3. PowerPoint Copilot 高效解决

（1）开启 Copilot

打开 PowerPoint，点击右上角"Copilot"。

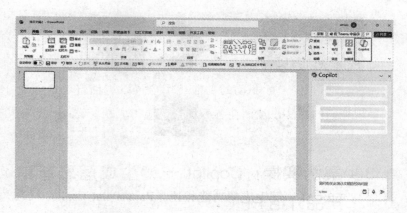

（2）输入主题

在打开的 Copilot 对话框中，输入需要生成的主题，这里需要注意的是，输入的文字上限为 2000 字，我们先输入"生成关于蓝牙音箱产品介绍的 PPT"。

（3）成品展示

AI 快速生成了 6 页 PPT，每页 PPT 均配了音箱相关主题的图片。

（4）效果测评

与 WPS AI 一键生成的功能相比，PowerPoint Copilot 只通过一条指令，生成的内容较少，仅仅 6 页，并且排版较差，不过这时候不要急，我们需要用 AI 功能继续完善 PPT。

3.4　案例实操：Copilot 与 AI 设计器美化蓝牙音箱产品介绍 PPT

1. 案例背景

AI 制作的蓝牙音箱介绍 PPT，领导说内容太少，需要增加内容，另外需要更进一步美化。这时候你需要怎么修改呢？

2. 传统方式

继续找模板，找图片，凑内容，熬夜美化 PPT

3. AI 操作步骤

Copilot 与 AI 设计器高效解决。

（1）增加 PPT 页数

补充更多关于蓝牙音箱产品介绍的 PPT，输入产品的型号与特征描述的如下文案。

型号: 音霸 360

音霸 360 蓝牙音箱是一款专为音乐爱好者设计的高性能便携式音箱。它采用最新的
蓝牙 5.2 技术, 能够提供更快的传输速度、更远的连接距离以及更稳定的无线连接。
这款音箱设计独特, 采用了 360 度全向声场技术, 可以在任何位置提供均衡且沉浸
式的音乐体验。

特点:

360 度全向声音: 音霸 360 采用先进的声音处理技术, 能够实现 360 度全方位的
声音覆盖, 无论音箱放置在何处, 都能让你获得如同身临其境的音乐享受。

长效续航: 内置的高容量电池可以提供长达 15 小时的连续播放时间, 让你的音乐
之旅无忧无虑。

防水防尘: 音霸 360 拥有 IP67 级别的防水防尘功能, 可以在各种环境下使用, 无
论是户外露营还是派对聚会, 都是理想的音乐伴侣。

高质量音频输出: 配备高解析度音频驱动单元和专业调音, 提供清晰、动态的音质
输出, 无论是低沉的低音还是清脆的高音, 都能完美呈现。

易于携带设计: 音霸 360 拥有便携的设计, 配备了耐用的提手, 方便你在户外活
动时携带。

智能连接: 支持多种智能连接方式, 包括蓝牙、NFC 一触连接, 以及 3.5mm 音频
线输入, 满足不同设备的连接需求。

（2）打开 Copilot

将文案复制粘贴到 Copilot 对话框后, 点击 "发送" 按钮生
成 PPT。

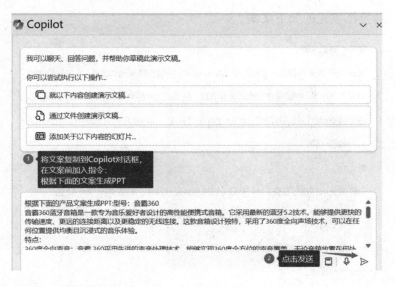

（3）成品展示

Copilot 根据产品介绍的文案，又快速制作了 12 页 PPT。

（4）Copilot 一键添加图片

假如我们想为第 3 页 PPT 添加一张图片，可以点击 PPT 第 3 页，打开 Copilot，在对话框输入"添加一张音箱的图片"。

（5）添加图片效果

Copilot 快速为第 3 页 PPT 添加了一张图片，并且重新排版、更改了字体颜色。

户外露营

音霸360蓝牙音箱的便携性和防水防尘设计，使其成为户外露营的理想选择，带来清晰、高品质的音乐享受。

（6）设计器美化

现在 AI 制作的 12 页 PPT，存在部分页面排版不理想，配合不符合要求的情况，这时候我们可以打开需要美化的页面，以刚刚添加图片的第 11 页美化为例，打开设计器。

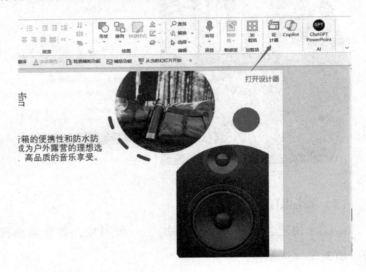

（7）挑选设计方案

设计器会快速给出多版设计方案，我们点击黑色主题，第 11 页 PPT 会快速完成美化与替换，变为黑色主题。

第4章 AI PPT 制作网站实战详解

在前面的章节中，我们已经介绍了 PPT 制作主引擎 WPS AI PPT 和 Microsoft PPT Copilot。这两款都是基于桌面的软件，需要用户下载安装后才能使用。但是，如果想要在网页上直接制作 PPT，或者想要与其他人在线协作和实时分享 PPT，那么则需要一款基于云端的 AI PPT 制作网站。在本章中，我们将介绍三款这样的网站，分别为国产网站 Mindshow 与讯飞智文，国外开发的网站 Gamma。

4.1 最简洁易用的 AI PPT 制作网站——Mindshow

4.1.1 Mindshow 概况及核心优势

Mindshow 是一个 AI 生成 PPT 网站，它利用先进的 AI 技术，快速理解用户的想法并将其转化为专业的 PPT。该平台以其直观的用户界面和简化的设计流程而闻名，使零基础的用户也能迅速上手，轻松完成商务、教育、报告等各种场景下的 PPT 制作。

　　MindShow 的核心优势在于其简洁与高效的性能，通过自动化的设计工具，减少了传统 PPT 制作中的复杂步骤。用户只需输入主题或内容大纲，MindShow 便能提供一系列的模板和布局选项，自动排版和设计，生成视觉上吸引人的 PPT。此外，MindShow 还支持丰富的定制选项，包括字体、颜色、图表和动画效果，让用户能够根据自己的品牌或个人风格进行个性化调整。

4.1.2　案例实操：2700 多字会议纪要秒变 PPT

1. 案例背景

　　作为代表参加集团总部会议，需要根据会议纪要制作 PPT，向分公司同事传达会议精神。这样的 PPT 该如何制作呢？

2. 会议纪要

　　共 2770 个字。

3. 传统方式

你是不是这样做？

（1）材料梳理

需要花费大量时间把会议信息进行逻辑梳理。

（2）寻找模板

往往很难找到适合会议主题的模板，又耗费了大量时间。

（3）修改模板

因为会议内容是相对固定的，所以模板中的图示匹配度较低，需要大量重新美化和修改。

4. Mindshow 高效解决

（1）登录 Mindshow 官方网站

登录 https：//www. mindshow. fun，然后点击"AI 生成内容"。

（2）内容输入

首先输入 PPT 主题，然后将会议纪要内容全文复制粘贴到 PPT 需要显示的内容对话框，选择内容是否需要 AI 精简。本案例为了测试 PPT 最佳效果选择无须精简。PPT 的章节根据实际需要选择长短。本案例因字数较多，所以选择长，最后点击"AI 生成内容"。

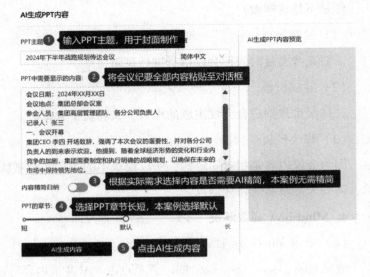

（3）内容校对

AI 快速整理出 PPT 章节，如果与内容偏差较大，可以点击"重新生成"内容，直到内容符合制作要求后，点击"生成 PPT"。

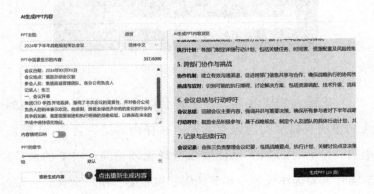

（4）内容修改

AI 快速完成 PPT 制作后，可以在左侧预览生成的效果，文字内容可以在左侧任意修改，配图也可以点击上传本地图片。

（5）模板选择

在右下方，我们可以选择适合的模板，本案例从免费模板中，选择了一份适合本次会议主题的。

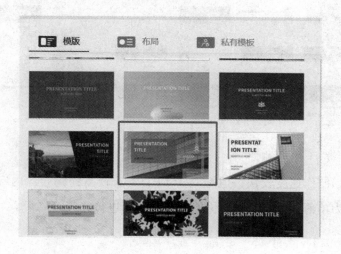

（6）PPT 下载

点击右上角"下载"，会将 AI 制作好的 PPT 保存至本地，也可以选择在线演示。

（7）成品展示

Mindshow 制作的 18 页标准化 PPT，涵盖了会议纪要的主要章节，整体制作时间大概 3 分钟，与传统 PPT 制作相比，大幅提升了制作效率。

（8）效果测评

制作速度较快，但是对于 PPT 要求较高的场合，内容就较为单薄，配图与文字仍然需要花时间进行修改。

4.2　最适合职场办公的 AI PPT 制作网站——讯飞智文

4.2.1　讯飞智文概况及核心优势

讯飞智文是由科大讯飞推出的一款 PPT 文档创作平台。它基于讯飞星火认知大模型，能够处理包括一句话主题、长文本、音视频等多种内容格式。这个平台可以帮助用户快速生成 PPT 和 Word 文档，提高工作效率，并支持在线编辑、美化、排版、导出等功能。

讯飞智文的出现，为职场人提供了一个高效的办公辅助工具，不仅重新定义了搜索和内容创作方式，还深入工作产出的每个环节，助力职场人提升效率，获得更轻松的智能办公体验。无论是商务会议、教育讲座还是个人展示，讯飞智文都能够提供强有力的支持。它的多语种支持和 AI 自动配图功能，进一步扩展了用户的创作边界，使其成为一个值得用户期待的 AI 文档创作平台。

讯飞智文拥有六大核心 AI 功能：

1. 主题创建

可以输入一句话式的主题，用 AI 快速将主题想法转化为 PPT 文档，还能根据需求进行改写，完善文档内容。

2. 文本创建

支持最多 8000 字的长文本输入。AI 会帮助用户总结、拆分、提炼，生成高度相关的 PPT 文档。

3. 文档创建

支持上传 DOC、PDF、TXT 等格式的文档。AI 会提取文档中的关键信息，生成一个贴合文档材料内容及要求的 PPT。

4. 自定义创建

支持每条大纲的自定义关联，可关联文本、文档和互联网内容，让生成的内容更精准。

5. 智文 AI 撰写助手

内置的 AI 助手可以对文本进行润色、扩写、翻译、缩写、拆分、总结、提炼、纠错、改写等操作。

6. AI 自动配图

根据文本内容自动生成 AI 生图提示词，用户可以选择合适的图片插入文档。

4.2.2 案例实操：AI 生成企业校园招聘 PPT

1. 案例背景

又到了一年一度的毕业季，作为企业招聘代表的你，需要参加各个学校的校园招聘宣讲。这时候该如何制作 PPT 呢？

2. 招聘文案

本次需要招聘 5 个岗位。

3. 传统做法

（1）寻找模板

找到其他公司的招聘 PPT 作为参考。

（2）修改模板

将自己公司最新的招聘信息更新进去。

（3）制作配图

下载大量的图片，增加 PPT 的互动性。

4. 讯飞智文高效搞定

（1）打开讯飞智文官网

打开 https：//zhiwen. xfyun. cn，然后点击"免费使用"。

（2）PPT 创作

点击免费使用功能中的 PPT 创作。

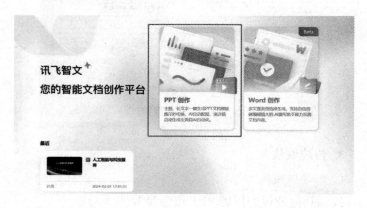

（3）文本创建

因为招聘岗位信息属于文本，所以选择"文本创建"。我们看到，讯飞智文支持每次输入 8000 字的内容制作成 PPT。

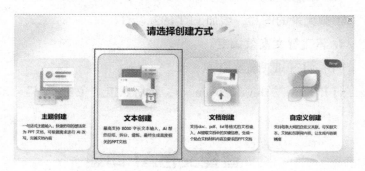

（4）文本输入

将岗位信息文本输入对话框，然后选择文档生成的语言。讯飞智文支持英文、韩文、俄语、德语等大部分语言，本案例选择中文（简体）。

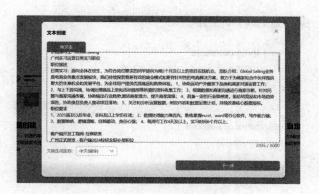

（5）生成大纲

AI 快速梳理了招聘信息文字内容，并在几秒钟内生成了 PPT 大纲。

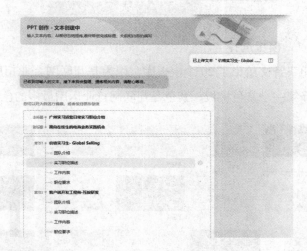

（6）大纲修改

我们点击大纲中的内容，可以根据自己的需求，进行修改，或是调整每段大纲的顺序与等级，调整好大纲后可以点击

"下一步"进行 PPT 制作。

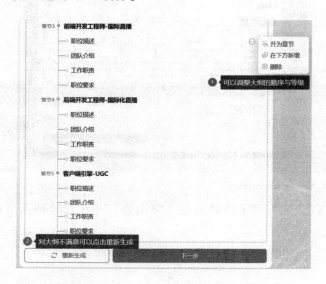

（7）模板选择

讯飞智文给出了 20 个模板库，因为是互联网企业招聘，我们选择第一个紫色模板。紫色是互联网行业运用最多的色调。

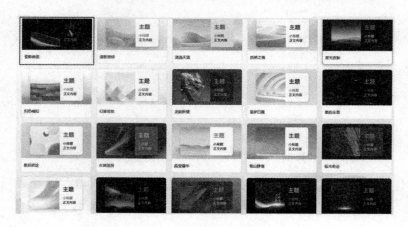

（8）效果展示

AI 快速制作了 28 页 PPT，并对部分页面进行了配图，设计了精美的图示。

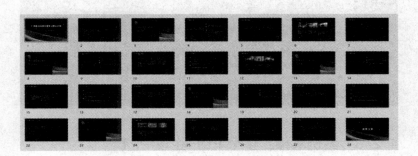

（9）效果测评

排版精美，并且根据招聘信息 AI 生成了较为匹配的图片，与其他 AI PPT 工具相比，讯飞智文在内容方面与原文贴合度非常高，是目前稳定性与美观度最佳的 AI PPT 制作工具。

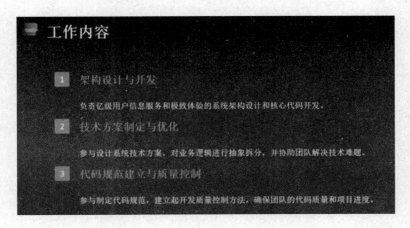

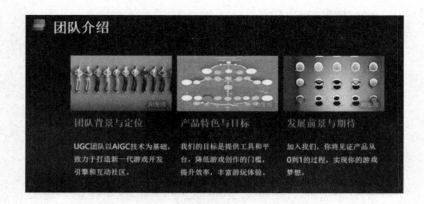

4.2.3 案例实操：多个 PDF 生成 PPT

1. 案例背景

人工智能产业兴起，领导发了 5 份 PDF 过来，要求制作成人工智能行业分析报告 PPT 在部门会议中分享。这时候你该如何制作呢？

名称	大小
AIGC行业研究框架与投资逻辑.pdf	4,027 KB
ChatGPT跨行业报告：AIGC发展大年.pdf	4,678 KB
从营销AIGC化到AIGC营销化.pdf	6,295 KB
海外AI应用落地进展梳理：AIgc商业化...	3,220 KB
人工智能行业智能时代的生产力变革：AI...	2,165 KB

2. 传统步骤

你是不是这样做？

（1）学习材料

学习每份报告后，梳理报告中的内容。

（2）材料梳理

梳理出材料中的重点与逻辑线条。

（3）制作文档

将材料中的重点整理为 Word 文档。

（4）套用模板

选择合适的 PPT 模板，然后把内容复制进去。

3. 讯飞智文高效解决

（1）自定义创建

在 PPT 创作中，选择自定义创建功能，PPT 创作的进入
步骤在上个案例中有详细讲解。

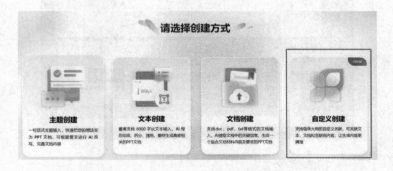

（2）参考资料入口

第一步点击"参考资料"，第二步点击"上传文档"。

（3）上传参考资料

从 5 份 PDF 文件中，选择一份最具代表性的上传，用于制作 PPT 大纲，需要注意的是文件大小不能超过 10MB，支持 PDF、DOC、TXT、MD 格式的文档上传。

（4）输入指令

第一步在对话框输入指令"根据 PDF 文档生成 PPT 大纲"，第二步点击发送。

（5）大纲查看

讯飞智文根据 PDF 内容快速梳理出了 PPT 大纲，但是另外 4 份 PDF 资料需要融合，我们该如何进行平衡？

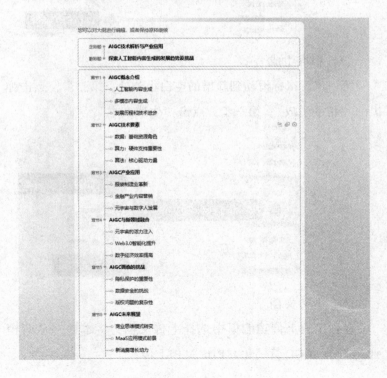

（6）增加小节

以章节 3 "AIGC 产业应用" 为例，可以增加 PDF 文件中的《从营销 AIGC 化到 AIGC 营销化》，第一步，点击章节 3 内容；第二步，点击 "在下方新增"。

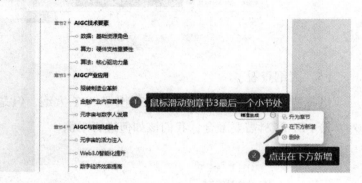

（7）精准生成

第一步，鼠标滑动到新增的空白小节处；第二步，点击弹出的 "精准生成"；第三步，点击 "生成文本"。

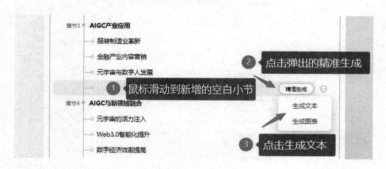

（8）上传文档

在弹出的上传功能框中选择上传文档，将本地《从营销 AIGC 化到 AIGC 营销化》PDF 文档上传。

（9）制作 PPT

文档上传后，点击"下一步"，进行 PPT 制作。

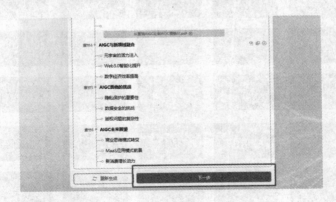

（10）挑选模板

AI 属于科技行业，使用蓝色模板较多，所以本案例选择蓝色的 PPT 模板。

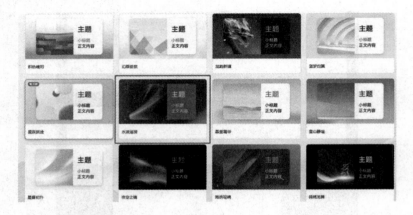

（11）成品展示

讯飞智文在 1 分钟左右的时间，将上传的两份 PDF 文档制作成了 28 页 PPT，并且配有图片。

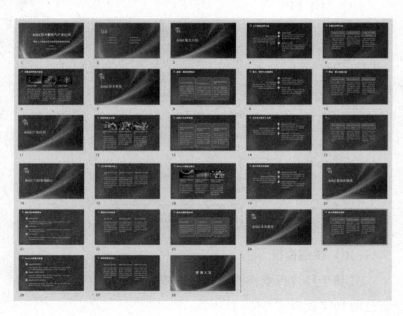

（12）成品测评

生成的作品与原文贴合度较高，并把上传的第二份文档，巧妙地融入了 PPT 内容中，且仅增加了一页内容。

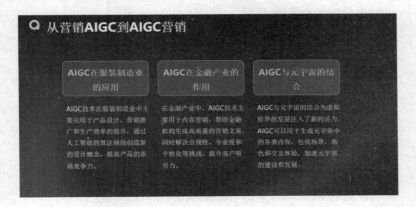

4.3　多样定制需求的 AI PPT 制作网站——Gamma

4.3.1　Gamma 概况及核心优势

Gamma AI 强化了内容自动生成的能力，允许用户快速创建文档、演示文稿和网页。它提供一键式模板和无代码编辑，以简化设计流程，同时保持品牌一致性。Gamma 还支持实时演示或网页分享，使内容互动性更强。它通过嵌入 GIF、视频、图表等，打破传统文本墙，使信息传递更加生动有趣。

AI 排版：内置多种模板和设计风格，用户只需选择合适的模板，Gamma AI 会自动将其应用到文稿中，确保文稿具有专业的外观和布局。

AI 生成内容：根据用户提供的大纲、文本、文档快速生成精美的定制级 PPT。

AI 美化：可以用各种 AI 美化功能进行个性化定制，包括调整字体、颜色、布局等，以及添加自定义的元素和动画效果。

4.3.2 案例实操：AI 制作连锁超市加盟 PPT

1. 案例背景

公司经营连锁超市，现在计划开放加盟，需要制作美观度要求较高的 PPT 对外宣讲。你该如何制作 PPT 呢？

2. 传统做法

（1）收集材料

网上收集其他超市加盟的材料。

（2）整理材料

根据自己超市的情况进行文档修改。

（3）寻找模板

找到适合公司的 PPT 模板。

（4）修改模板

将自己公司的 Logo、图片上传后不断修改。

3. Gamma 高效解决

（1）登录 Gamma

进入 https://gamma.app，点击"新建"。

（2）AI 生成

在三个功能中点击"生成"，可以在几秒钟内根据一行提示创建 PPT。

（3）输入提示词

在对话框输入"我经营一家连锁超市，现在计划开放加盟，请帮我制作一份超市加盟 PPT"，点击"生成大纲"。

（4）个性化选择

第一步，选择每页 PPT 的文本量，本案例选择详细进行测试；第二步，选择 PPT 中的图片从 Web 图片搜索还是用 AI 生成，本案例选择从互联网搜索实际图片。

（5）版权选择

需要选择 PPT 配的图片版权。本案例选择"商业免费使用"，然后点击"继续"。

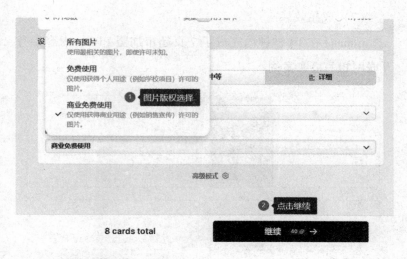

（6）模板选择

Gamma 提供了大量精美模板。第一步，选择适合的模板，本案例使用系统默认模板；第二步，点击"生成"。

（7）成品效果

Gamma 在 10 秒钟内完成了 7 页超市加盟 PPT，内容参考
互联网相关事实案例。

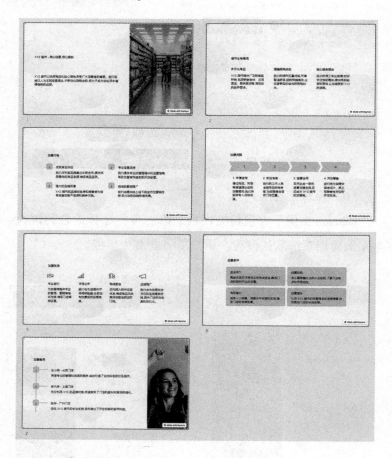

（8）成品测评

排版工整，配色方案简洁，但整体配图偏少，导致部分页
面只有文字。

加盟流程

1	2	3	4

1. 申请咨询

通过电话、网络等渠道提出您的加盟意向,我们将安排专人与您沟通。

2. 实地考察

我们的工作人员会陪同您实地考察,为您推荐合适的门店位置。

3. 签署合同

双方达成一致后,签署加盟合同,正式成为 XYZ 超市的加盟商。

4. 开店筹备

我们将为您提供装修设计、员工招聘等全方位的开店支持。

第5章 AI PPT 插件及快捷工具

5.1 iSlide AI 概览及核心功能

　　iSlide AI 工具，作为 iSlide 公司推出的创新产品，凭借其先进的人工智能技术，能够显著提高 PPT 制作的速度和效率。这一工具能智能分析用户的设计需求，自动提供匹配的模板和设计元素，极大地简化了设计过程。无论是对于专业设计师还是日常办公人员，iSlide AI 工具都能迅速将他们的创意转化为高质量的演示文稿，从而节省宝贵的时间和精力。

　　此外，iSlide AI 工具的用户友好性也是其显著的优势之一。它拥有直观的界面设计和易于使用的功能，即使是初学者也能轻松上手。iSlide AI 工具不仅提高了设计效率，还能帮助用户发挥更大的创造力，打造个性化且专业的演示文稿。在 PPT 设计领域，iSlide AI 工具以其高效的自动化功能和对用户需求的深度理解，成为用户制作 PPT 时不可或缺的助手，帮助用户在演示文稿制作上达到新的高度。

　　安装 iSlide 插件通常需要从官方网站下载安装包，然后按照提示进行安装。安装完成后，用户重启 PowerPoint，就可以在功能栏中看到 iSlide 的相关选项。

5.1.1　iSlide 八大核心 AI 功能

　　iSlide 引入了 AI 功能，为用户提供更为便捷和高效的 PPT 设计解决方案。主要包括以下八大核心功能。

1. 主题生成 PPT

　　根据用户输入的主题，iSlide AI 能够快速生成 PPT 大纲，并允许用户自定义大纲，一键生成完整的 PPT 文件，方便用户随意修改编辑大纲。

2. AI 生成单页

　　用户只需输入需生成单页的主题，iSlide AI 便可快速生成内容，同时自动适配整个文档的主题样式，节省了大量排版时间。

3. AI 扩充文本

　　用户可以选择包含文字的文本框，然后选择"扩充文本"选项，轻松实现文本内容的扩展和续写。

4. AI 润色文本

　　iSlide AI 能自动检测并纠正文本中的语法、拼写和标点错误，使文本更加精准、规范和易读。

5. AI 拆分文本

　　此功能可以按标点符号或指定字符进行文本拆分，帮助用户将长文本拆分为多个小段落，便于制作 PPT。

6. AI 精简文本

iSlide AI 能自动去除文本中的冗余信息，同时生成相关的段落、标题和列表等文本内容。

7. AI 翻译文本

iSlide AI 提供一键翻译功能，支持多达 10 种语言的文字翻译，方便用户将所选文字内容翻译成不同的语言。

8. AI 生成一句话标题

iSlide AI 的"生成一句话标题"功能能为用户概括出简要主题，使 PPT 内容更清晰明了。

iSlide AI 生成 PPT 操作流程。

5.1.2　iSlide 在线资源库

iSlide 的在线资源库是一个强大的工具，分为七大在线资源库，包含了案例、主题、图示、图表、图标、图片和插图，可以帮助你快速提升 PPT 的设计效果。在这一小节中，我们将介绍如何有效地利用 iSlide 的在线资源库来优化你的 PPT 设计效果。

1. 案例库

此库收录了众多精选的 PPT 设计案例，覆盖商务、教育、科技等多个领域。你可以浏览并选择合适的案例作为设计的蓝本，快速构建出框架并进行个性化调整。

2. 主题库

这里提供多样化的 PPT 模板，每一款主题都是由专业设计师精心制作，以适应不同的演讲场合。你可以根据内容需求挑选合适的主题风格，为你的演示文稿打下坚实的视觉基础。

3. 图示库

包含了大量的 PPT 内容图示，根据文字内容的逻辑，分为目录、列表、流程、循环、层次结构、关系、矩阵、棱锥等，这些图示均可编辑和定制，帮助你清晰地表达复杂概念。

4. 图表库

提供了丰富的数据可视化选项，如柱状图、饼图、折线图等，所有图表均可与 Excel 数据无缝衔接，简化数据演示的过程。

5. 图标库

在 iSlide 的"图标"选项中，你可以通过关键词搜索来找到适合的图标资源，如"箭头""人物"等。选中后点击"插入"，图标即可出现在你的 PPT 中。这些图标的大小和位置均可根据需要进行调整。

6. 图片库

点击"图片"选项，输入如"商业""团队"等关键词，可搜索到大量高质量图片资源。选中喜欢的图片后，点击"插入"，图片将直接嵌入你的文稿中，并允许你自定义大小和位置。

7. 插图库

此库特别收录了手绘风格及其他艺术风格的插图，可以为你的 PPT 增添独特的艺术气息。这些插图适合各种场景，可大幅提升演示文稿的视觉吸引力。

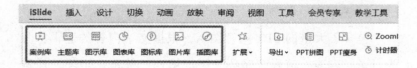

5.1.3 iSlide AI 两项核心功能测试

1. 单页速成：一段文字快速变成 PPT 单页

iSlide AI 的"生成单页"功能是一个强大的工具，它能够根据用户的输入快速生成单页内容，并自动适配整个文档的主题样式，并且每次最多支持 1000 字的文字输入。AI 会根据输入的文字内容自动梳理逻辑和排版。这个功能非常适用于需要快速生成高质量 PPT 页面的场景，能极大地节省用户的排版和设计时间。以下是利用 iSlide AI "生成单页" 功能的详细步骤：

（1）在 iSlide AI 功能区中，找到并点击 "生成单页" 选项，进入单页生成模式。输入需要制作单页的文字内容，我们以下面这段 500 字的文稿进行测试，点击 "发送" 按钮，iSlide AI 根据输入的内容，自动进行精简与逻辑处理。

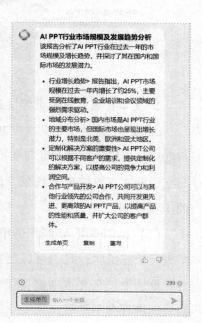

（2）点击"生成单页"得到下面图文结合的一页 PPT，也可以根据推荐更换不同的排版与配色方案。

在生成的单页中，你可以根据需要进行个性化编辑，例如修改文本内容、插入相关图片或调整布局结构等。

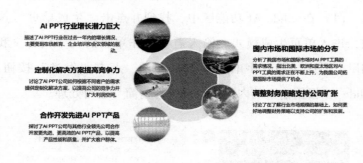

2. 文本扩展：没有灵感快速扩充 PPT 文本

iSlide AI 的"扩充文本"功能是一个强有力的助手，能够帮助用户轻松地扩展和续写文本内容。这个功能尤其适用需要补充说明或背景信息的场景。以下是使用"扩充文本"功能的步骤：

（1）比如刚刚 AI 制作的单页内容，针对其中某一点，想要进行扩充说明。我们可以复制其中的文字内容，然后在 AI 对话框选中扩充文本功能，接着将文字粘贴进去并发送，AI 会快速进行文字扩写。

iSlide AI ⌐ ▭ ↻ ? ✕

扩充以下内容：讨论了在了解行业市场规模的基础上，如何更好地调整财务策略以支持公司的扩张和发展。

在当今竞争激烈的商业环境中，了解行业市场规模对于公司来说至关重要。只有深入了解市场规模，公司才能更好地调整财务策略，从而支持公司的扩张和发展。为了实现这一目标，公司需要对市场进行详细分析，包括目标客户群、竞争对手、市场趋势和潜在市场规模等方面。此外，还需要考虑宏观经济因素，如国家政策、经济状况和行业发展阶段，以便制定出更加符合市场需求的财务策略。

在调整财务策略时，公司应关注以下几个方面：

1. 资金筹集：公司应根据市场规模和扩张计划，合理安排资金筹集。这可能包括债务融资、股权融资或其他金融工具，如债券、可转债等。公司需要权衡各种融资方式的利弊，确保筹集到足够的资金来支持业务发展。

2. 成本控制：了解市场规模有助于公司更好地控制成本。通过分析竞争对手和市场趋势，公司可以优化成本结构，降低不必要的支出，提高盈利能力。此外，公司还可以通过技术创新和管理改进来降低运营成本，从而在激烈的市场竞争中脱颖而出。

3. 投资决策：在制定投资决策时，公司需要充分考虑市场规模和市场前景。对于具有较大市场规模和较高市场增长潜力的业务领域，公司可以考虑加大投资力度，以实现更高的回报。同时，公司应关注行业内的创新和变革，以便及时调整投资策略，确保资金投向最具潜力的领域。

⟳　　　　　　　　　　　　　　　297 ◉

扩充文本　请选择或输入文本...　　　　➤

（2）如果对扩写好的文字内容不满意，我们也可以点击重写，如无其他问题，可以点击下载，文字内容会自动复制到现有 PPT 页面。如果觉得文字内容过多，需要新建页面，可将文字复制，切换到"生成单页"功能，制作新的 PPT 页面。

5.1.4　案例实操：AI 制作财务年终总结 PPT

1. 案例背景

财务部门需要制作年终总结 PPT，展示给公司高层和股东看。这个 PPT 不仅要准确反映过去一年的财务状况，还需要对未来的财务规划做出预测，因此对数据的准确性和 PPT 的专业性、美观度都有较高要求。

2. 传统做法

（1）数据整理

财务部门员工需要手动从财务系统和各类报表中汇总过去一年的数据，包括营业收入、成本支出、利润等，这一过程通常耗时较长，且容易出错。

（2）模板选择

员工需要在互联网上搜索或使用已有既能满足内容需求又符合视觉审美的 PPT 模板。

（3）数据可视化

手动将收集到的数据制作成图表和图形，例如使用 Excel 制作柱状图、饼图等，并将其插入 PPT 中。这个过程需要较强的图表制作和审美能力，而且调整和优化图表往往很耗时。

（4）内容优化

对 PPT 的布局、颜色、字体等进行人工调整，以提升美观度和专业性。这需要具备一定的设计知识和审美能力，且优化过程较为主观，效果各异。

（5）定制化修改

最后，需要根据公司品牌形象手动添加公司 Logo、调整企业色调等，以确保 PPT 符合公司的品牌形象。这一步骤同样需要花费不少时间和精力来确保细节的一致性和专业性。

3. iSlide AI 快速搞定

（1）启动 iSlide AI

首先打开 WPS 或 PowerPoint，第一步，找到功能区中的 iSlide 图标并点击；第二步，鼠标左键点击弹出的 iSlide AI 对话框，展示所有可用的 AI 功能。

（2）选择生成 PPT 功能

在 iSlide AI 对话框中，点击"生成 PPT"功能。

（3）输入主题

在生成 PPT 功能对话框中，输入想要生成的 PPT 主题，例如"年终总结"。iSlide AI 会根据输入内容推荐财务、IT 等不同岗位的相关主题，可以根据个人需求选择相匹配的推荐主题。这里以财务年终总结为例。

（4）大纲修改

将选择的主题在 AI 对话框中发送后，iSlide AI 会自动给出 PPT 大纲。可以看到根据财务年终总结这一案例，iSlide AI 生成共 3 部分内容的大纲，也可以点击编辑选项对 AI 生成的大纲任一部分进行修改。

（5）生成 PPT

根据 AI 自动生成的大纲进行制作，点击"随机生成
PPT"，iSlide AI 会在短短的 5 秒内快速制作出 33 页 PPT，同
时统一进行了配色，将文字较多的内容转为图示设计。

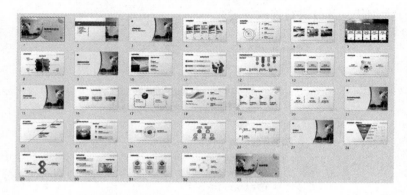

（6）成品测评

iSlide 主题生成的优点在于配图与配色较为美观，同时运
用大量的精美图示；缺点是部分页面的内容丰富度不够。

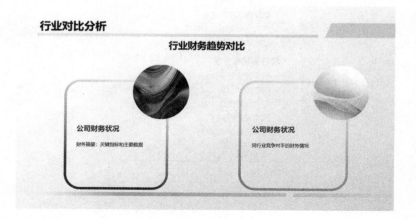

5. 1. 5　案例实操：iSlide AI 快速制作商业计划书 PPT

1. 案例背景

创业团队需要向潜在投资者展示他们的商业计划书。这份PPT 不仅要清晰地阐述业务模型、市场分析、财务预测、团队介绍等关键信息，还需要在视觉上吸引人，以便更好地抓住投资者的注意力。鉴于时间紧迫，团队需要快速且高效地完成PPT 的制作。

2. 传统做法

（1）内容准备

团队成员首先需要花费大量时间研究和整理商业计划的内容，包括市场研究、竞争分析、财务预测等。

（2）设计模板寻找

之后，他们需要在互联网上寻找既符合内容需求又美观的PPT 模板。

（3）数据可视化

将复杂的数据和分析转化为图表和图形，手动操作可能会很耗时，特别是要使图表既清晰又吸引人。

（4）设计优化

对 PPT 的布局、配色、字体进行手动调整，以提高吸引力和专业性。这需要设计知识和较高的审美标准。

（5）定制化调整

最后，为了确保 PPT 符合团队的品牌形象，还需手动添加品牌元素，如 Logo、企业色调等，进一步增加制作时间。

3. iSlide AI 快速搞定

（1）AI 生成 PPT

在生成 PPT 对话框中，输入"商业计划书"，AI 快速生成基础的 23 页 PPT 模板，我们选择适合自己的主题和风格即可。

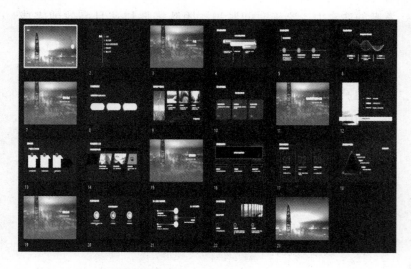

（2）单页精细加工

在 PPT 第 3 页中，PPT 生成的模板为公司介绍进行了留白。如果已有制作好的公司介绍，可以快速粘贴进来；如果没有或是想优化现在的公司介绍，可以运用扩充文本功能进行撰写。我们以 AI PPT 为例，把"AI PPT 公司介绍，公司主营 AI 高效制作 PPT 教学，扩写 500 字"输入扩充文本功能的对话框，AI 快速生成了 500 字的公司介绍。

（3）单页制作

对话框点击"生成单页"功能，将 500 字公司介绍发送至对话框，快速得到一页精美的 PPT 介绍。

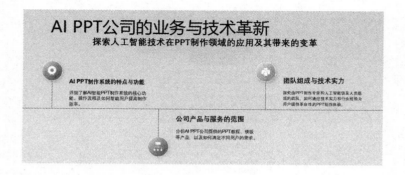

5.2　PPT 高效快捷工具 Quiker

　　Quiker 工具箱是一款强大的效率提升软件，专为提高工作速度和操作效率而设计。它具备多种功能，包括快捷面板、上下文面板区域、全局面板区域、多种弹出方式、翻页扩展、自定义外观等。

　　打开 Quiker 官方网站，会看到动作库选项，进入之后，可以看到 Quiker 动作库划分为通用动作与软件，通用动作就是在任何场景都可以使用的快捷动作，软件需要在软件运行时，唤醒 Quiker 才会出现。

　　Quiker 的组合动作功能允许用户将多个操作串联起来，实现自动化。例如，用户可以设计一个动作，将从一个软件中获取的数据传递给另一个软件或网页，或者自动完成重复性操作。这种高度的自定义和自动化功能，使 Quiker 成为一个强大的工作助手。

通用动作

Quicker 作为一款强大的 Windows 效率工具，通过提供丰富的自动化动作库，极大地提升了用户在制作 PPT 时的工作效率。

5.2.1　Quicker 核心功能介绍

1. 一键三线表

此动作允许用户快速生成 PPT 中的三线表，这是一种常用于展示财务数据或比较数据的表格格式。用户可以自定义线宽和样式，使表格既专业又易于理解。

2. 以图搜图

此动作利用图像识别技术，允许用户在 PPT 中直接搜索所需的图片。用户只需提供一张参考图片，Quicker 将自动在图库中寻找并推荐相似的图片，从而丰富 PPT 的视觉内容。

5.2.2　案例实操：一键生成论文三线表

1. 案例背景

论文需要制作一份相关变量定义的表格，根据学校写作规范，需要制作三线表。

2. 传统步骤

（1）手动调整表格边框，保留三条主线。

（2）表格粗细调整，使其符合三线表的格式。

3. Quicker 解决方案

（1）点击需要改为三线表的表格。

表3-1 相关变量定义	
变量	定义
行为态度(Ghaz Icali&Mustafa, 2020)	行为态度是个人对于执行某一行为的看法或态度，包括对该行为的认知、情感和意愿。
主观规范(Agarwal&Karahanna, 2021)	个人的行为不仅受个人态度和信念的影响，还受到他人看法的影响。
知觉行为控制(Choi&Kim, 2022)	个体的信念和观念对行为控制的能力。
感知收益(Luis&Ana, 2021)	个体对于某项行为或决策可以带来的实质性好处或利益的主观感受和评价。
感知风险(Khoa, 2020)	个体对于某项行为或决策的结果存在的不确定性或潜在损失的主观评估。

（2）点击键盘 Ctrl 键唤醒 Quiker，然后点击"PPT 三线表"。

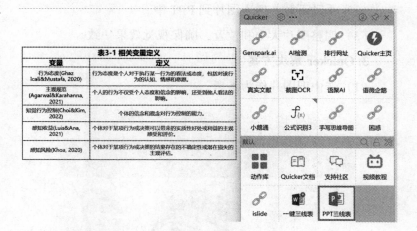

（3）表格瞬间变为三线表的样式。

表3-1 相关变量定义	
变量	定义
行为态度(Ghaz Icali&Mustafa, 2020)	行为态度是个人对于执行某一行为的看法或态度，包括对该行为的认知、情感和意愿。
主观规范(Agarwal&Karahanna, 2021)	个人的行为不仅受个人态度和信念的影响，还受到他人看法的影响。
知觉行为控制(Choi&Kim, 2022)	个体的信念和观念对行为控制的能力。
感知收益(Luis&Ana, 2021)	个体对于某项行为或决策可以带来的实质性好处或利益的主观感受和评价。
感知风险(Khoa, 2020)	个体对于某项行为或决策的结果存在的不确定性或潜在损失的主观评估。

5.2.3 案例实操：以图搜图美化 PPT

1. 案例背景

制作 PPT 时，需要参考之前的模板，但是部分图片像素过低，影响整体美观度。

2. 传统步骤

（1）访问不同的网站或图库搜索类似图片。

（2）手动下载并插入图片到 PPT 中。

（3）调整图片大小和位置，确保视觉效果一致。

3. Quicker 解决方案

（1）选中旧图片作为参考。

（2）唤醒 Quiker，点击"以图搜图"动作。

（3）选择需要搜索的网站。

　　（4）Quicker 将自动打开各个网站搜索相似的图片，可以从中选择最适合的图片。

　　通过这些案例实操，我们可以看到 Quicker 如何帮助用户在 PPT 制作中节省时间、提高效率，并创造出专业和吸引人的演示文稿。无论是财务报告还是市场分析，Quicker 的自动化动作库都能提供强大的支持，让用户轻松应对各种 PPT 制作任务。

第6章 AI PPT 配图实战讲解

6.1 AI 辅助 PPT 图片素材处理

在制作 PPT 时，我们常常需要用到图像来增强视觉效果，展示数据或者表达思想。但是，如何找到合适的图像，如何编辑图像，如何用图像来制作流程图或思维导图，这些都是不少人面临的难题。幸运的是，现在有了 AI 图像解决方案，可以帮助我们轻松地解决这些问题，提升 PPT 的质量和效率。

AI 图像解决方案是指利用人工智能技术，对图像进行搜索、识别、编辑、生成等操作的一系列工具或平台。通过使用 AI 图像解决方案，我们可以：

利用 AI 精确匹配图像，快速找到符合主题和风格的图片，无须浪费时间在海量的图片库中挑选；

实现零基础图片编辑，可以轻松地对图片进行裁剪、旋转、调整大小、去除背景、增加滤镜、改变颜色、增强清晰度等操作，无须安装复杂的图片编辑软件；

利用 AI 制作流程图与思维导图，可以根据文字输入，自动生成清晰美观的图形，无须手动绘制或排版。

6.1.1 案例实操：AI 以图搜图

图片搜索是指在网络上根据关键词或者图片，查找相关的图片的过程。图片搜索是制作 PPT 时常用的功能，可以帮助我们找到合适的图片来配合内容或者装饰页面。但是，传统的图片搜索引擎，往往只能根据文字或者图片的相似度来返回结果，不能准确地理解图片的含义、主题、风格等，导致搜索结果不够精准，需要花费大量的时间和精力来筛选。

为了解决这个问题，我们可以使用 AI 图片搜索技术，它可以利用人工智能技术，对图片进行深度分析，理解图片的语义、情感、场景、风格等，从而返回更加符合用户需求的图片。AI 图片搜索技术有以下几种常见的应用场景。

1. 根据文字情感搜索图片

可以输入一段文字描述，例如"生气的猫"，AI 图片搜索引擎会返回与文字描述匹配的图片，而不是仅仅根据关键词"猫"来返回结果。

2. 根据图片搜索图片

用户可以上传一张图片，AI 图片搜索引擎会返回与图片相似或者相关的图片，而不是仅仅根据图片的像素或者颜色来返回结果。用户还可以指定图片的某些属性，例如"换个颜色""换个角度""换个背景"等，AI 图片搜索引擎会根据用户的要求，返回令用户更加满意的图片。

3. 根据语音搜索图片

用户可以通过语音输入文字描述，AI 图片搜索引擎会将语音转换为文字，然后根据文字描述返回图片。这种方式可以节省用户的输入时间，提高搜索效率。

AI 图片搜索技术的一个典型的代表是 Bing 图片搜索，它是一个基于人工智能技术的图片搜索引擎，可以提供多种图片搜索功能，例如文字描述搜索、图片搜索、语音搜索等。Bing 图片搜索还可以提供一些高级的图片搜索功能，例如图片筛选、图片分析、图片识别等。Bing 图片搜索的使用方法如下：

微软搜索引擎中 Bing 图像式搜寻显示于首页搜索框右侧，

还有一个语音搜索功能，开启图片搜索后可直接拖曳一张或多张图片，也能直接贴上图片或网址，和 Google 以图搜图不同的是 Bing 支持一次上传多张图片进行批次搜索。

Bing 图片搜索结果相当有条理，除了可以判断出图片内容，也会显示类似图片，另一个更强大的功能是 Bing 可针对图片特定范围再次搜索。举例来说，如果你想搜索一张相片里出现的产品，只要在 Bing 图像式搜索以选取方式标记出特定范围，就能对该范围进行更深度的搜索。

（1）开启 Bing

搜索引擎从搜索字段右侧按钮找到"使用图像搜索"。

（2）以图搜图

使用图片而非文字进行搜索，可拖曳一张或多张图片搜索，或是直接贴上图片或网址，下方有一些 Bing 提供图案体验这项功能的范例。

（3）选择咖啡图片

我们以系统模板的咖啡图片为例，图像式搜索可以找出在哪些网页有出现这张图片，或是寻找类似图片。

（4）图片元素局部搜索

点选左下角的图像式搜索，会有裁剪功能，调整四个角可进行特定图片范围搜索。

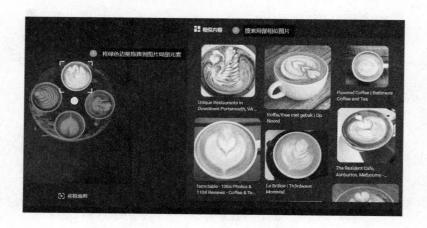

6.1.2 案例实操：AI 抠图

qususu 是一款在线免费 AI 图片编辑工具，可以帮助你轻松地对图片进行去背景和去物体的操作。去背景是指将图片中的主体从原始的背景中分离出来，或者将背景替换为其他的图片或颜色。去物体是指将图片中不需要的物体或水印从图片中移除，或者用其他的图片或颜色填充。

1. AI 消除图片水印

在我们制作 PPT 时，最怕配图有大量水印，影响整体视觉效果，现在 AI 可以帮助我们快速消除图片中的水印。

（1）启动 quququ

打开 quququ 官网，点击"去水印"，上传需要去除水印的图片。

（2）涂抹水印

调整画笔大小后，涂抹需要去除的水印，点击"处理"。

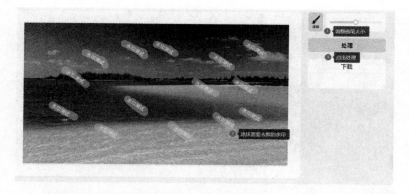

（3）一键去水印

快速、精准、可靠。我们的在线 AI 技术会在几秒钟内将水印神奇般地去除，无须任何专业技能，让您的图像焕发新生！一键轻松去除图像中常见元素，如文字、日期、标志等，用于图片素材再创作。

2. AI 去图片中的路人

要在 PPT 上面分享照片？照片上有路人让你犯愁？一键

轻松涂抹，去掉多余路人，不再因为那些美好瞬间被杂乱路人破坏而感到烦恼。使用 AI，释放创造力，让图像焕发新生！

（1）启动 quququ

打开 quququ 官网，点击"去杂物/去路人"，上传需要处理的图片。

（2）涂抹路人

调整画笔大小后，涂抹需要去除的路人，点击"处理"，如果一次没有消除干净，就再继续重复涂抹步骤。

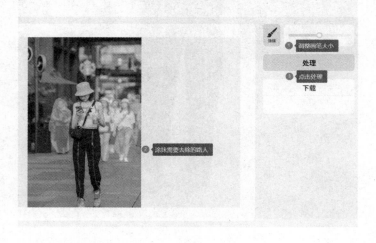

（3）一键去路人

AI 快速将图片中的路人去除，提升图片整洁度。

3. AI 去模糊

从平庸到卓越，从普通到精致，在线 AI 图像清晰化，瞬间提升您的照片质量！

增强图片细节，提升图片质量，无损放大两倍。图片在清晰度、细节和真实感方面表现更加卓越，AI 一键轻松去模糊。

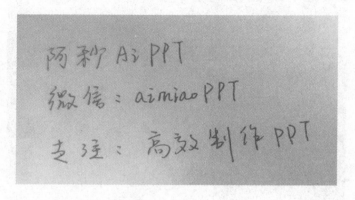

（1）启动 quququ

打开 quququ 官网，点击"去模糊"，上传需要处理的图片。

（2）一键消除模糊

AI 快速将图片变清晰。

陌秒 AI PPT

微信：aimiao PPT

关注：高效制作 PPT

6.2　AI 辅助 PPT 思维导图与流程图制作

在制作 PPT 的过程中，我们经常需要使用流程图和思维导图来展示我们的思路、逻辑、步骤等内容。流程图和思维导图是一种图形化的表达方式，可以帮助我们清晰地组织和呈现信息，提高 PPT 的可读性和吸引力。但是，使用传统的图片编辑软件或者 PPT 自带的图形工具来制作流程图和思维导图，往往是一个烦琐和耗时的过程，需要我们手动绘制图形、调整位置、输入文字、设置样式等操作，而且很难保证图形的美观和一致性。有没有一种更简单和高效的方法，来制作流程图和思维导图呢？

6.2.1　案例实操：AI 思维导图助力 PPT 制作构思

1. 案例背景

学术志团队希望开一个新款手机产品发布会，需要制作

PPT，以提升品牌形象并吸引更多消费者。为了在短时间内完成 PPT 制作构思，创意设计师决定采用 AI 工具来辅助创意生成。

品牌故事：学术志是一个小团队，致力于为用户提供高性价比的智能手机。学术志第一款手机的市场营销成功离不开早期 100 位种子用户的支持。这些用户冒着风险尝试新产品，提供了大量的使用反馈，帮助第一款产品不断改进。因此广告创意中要体现技术创新和用户参与的力量。

用户画像：新款手机的目标用户是年轻的科技爱好者，他们追求最新的科技产品，但对价格敏感。他们通常是 25—35 岁的专业人士，喜欢探索新功能，分享使用体验，并在社交媒体上与朋友互动。他们的购买决策往往受到产品性能、设计和品牌声誉的影响。

2. 传统做法

传统上，设计师会通过市场调研、客户反馈收集信息，然后进行头脑风暴，手动筛选和优化 PPT 方案。这个过程不仅耗时且可能缺乏系统性和客观性。

3. AI 工具高效解决

（1）打开亿图图示

亿图图示（Edraw Max）是一款功能全面且易于使用的 AI 图形设计软件，它为用户提供了一个强大的视觉化工具，用于创建各种类型的思维导图和图形。这款软件以其直观的用户界面、丰富的模板库和灵活的定制功能而受到广泛欢迎。

（2）进入 AI 思维导图

点击"亿图 AI"，然后点击"AI 思维导图"。

（3）快速生成思维导图

对话框输入品牌故事与用户画像，AI 快速制作清晰的思维导图，用于 PPT 制作思路梳理。

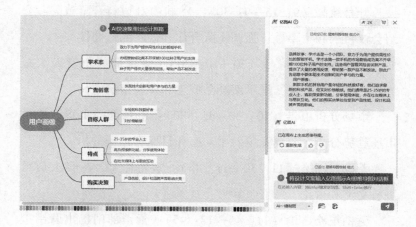

6.2.2　案例实操：AI 流程图助力 PPT 美化

1. 案例背景

公司召开年度战略会议，需要制作一份会议流程图 PPT，用于会场大屏幕封面展示，具体细节如下：

会议名称：2024 年度产品发展战略会议

会议目的：讨论并确定公司 2024 年度的产品发展战略，包括新产品开发计划、市场拓展策略以及预期目标设定。

会议时间：2024 年 4 月 15 日，9：00—17：00

会议地点：公司三楼会议室

会议流程：

会议签到（9：00—9：15）：与会人员到达会议室并进行签到。发放会议议程和相关材料。

开幕致辞（9：15—9：30）：公司 CEO 进行开幕致辞，介绍会议目的和重要性。强调团队合作和创新的重要性。

产品开发汇报（9：30—10：30）：研发部门负责人汇报当前产品开发进度，展示新产品概念和预期市场定位。

市场分析报告（10：30—11：30）：市场部门负责人提供市场趋势分析，分享竞争对手动态和目标客户群分析。

茶歇与网络（11：30—11：45）：短暂休息，与会人员可进行交流和讨论。

营销策略讨论（11：45—12：45）：营销部门提出营销策略草案。全体讨论并提出改进建议。

午餐休息（12：45—13：30）：与会人员享用午餐，同时可自由交流。

目标设定与行动计划（13：30—14：30）：确定年度销售目标和关键绩效指标（KPI）。制定详细的行动计划和责任分配。

资源分配与预算讨论（14：30—15：30）：财务部门介绍可用资源和预算限制。讨论并决定资源分配方案。

会议总结（15：30—16：00）：CEO 对会议进行总结，明确下一步行动。确认会议记录和后续跟进事项。

闭幕（16：00）：会议正式结束，与会人员可进行自由交流。

会议后续（会议结束后）：发送会议记录和行动计划至所有与会人员。各部门负责人负责跟进实施计划。

注意事项：

请所有与会人员准时到达，并确保手机静音。

会议期间鼓励积极发言和建设性讨论。

会议结束后，各部门需按照行动计划执行相关工作。

2. 传统做法：

（1）寻找模板

需要使用流程图软件，寻找匹配的模板。

（2）逐一制作

将会议要素逐一复制到流程图模板，并调整格式。

3. AI 高效解决

（1）打开讯飞星火认知大模型

在插件栏，勾选"思维导图流程图"。

（2）输入提示词

在对话框输入指令"请帮我基于如下会议要素，生成流程图"，并将会议要素复制粘贴到提示词后面。

（3）一键出图

AI 快速制作出会议流程图，并且可以根据实际情况随时进行内容更改与格式调整。

当前调用的插件：　IGM 思维导图流程图

好的，已为你绘制出如下图表：

你可以在新标签页中查看此图表

如果你想对此图表进行修改，可以点击这里

第7章 场景篇：AI 制作学术类 PPT

7.1 AI 辅助学术类 PPT 制作详解

在当今快速发展的数字时代，AI 技术已成为提高工作效率和创造力的关键工具之一。特别是在培训和教育领域，AI 不仅改变了信息传递的方式，还极大地提升了视觉呈现的质量和效果。其中，利用 AI 赋能的 PPT 制作，已成为培训领域的一大创新趋势。

AI 技术在学术类 PPT 制作中的应用，不仅限于自动化设计和内容生成，还能深度理解用户需求，提供个性化建议，从而大幅度提高培训材料的吸引力和教育效果。这种技术革新不仅节省了大量的时间和资源，也使得 PPT 制作更加智能和高效。

7.1.1 学术类 PPT 的特点与结构

学术类 PPT 与一般的演示文稿有着显著的不同，它们需要更加专注于内容的传递和学习者的参与度。了解这些特点和结构要求对于制作出高效、有吸引力的培训材料至关重要。

1. 明确的目标导向

每个美观的学术类 PPT 都应该以明确的学习目标为导向。这意味着每个幻灯片都应该围绕这些目标展开，确保所有内容都是为了推动学习者达到这些目标。明确的目标导向不仅能帮助主讲者保持焦点，也能使学习者更容易跟踪和理解整个培训的脉络。

2. 结构化和逻辑清晰的内容布局

学术类 PPT 应该拥有清晰的结构和逻辑布局。通常，它包括引言、主体内容、实践应用和总结四个部分。每个部分都应该有逻辑上的联系，确保内容的连贯性和易于理解。合理的布局不仅有助于传递信息，也有助于维持学习者的注意力和兴趣。

3. 互动性和参与性的设计

互动性是培训类 PPT 的重要特点之一。设计时应考虑加入问答环节、小测验、情景模拟等互动元素，以增强参与度和学习效果。这种设计不仅有助于提高学习者的参与感，还可以即时评估和巩固学习内容。

4. 视觉效果与教育目的的结合

在学术类 PPT 的设计中，视觉效果应与教育目的相结合。使用恰当的图表、图像和颜色可以大大提高信息的传达效率和吸引力。同时，应避免过度装饰或复杂的设计，以免分散学习者的注意力。

5. 易于理解和记忆的内容

内容应易于理解和记忆。这意味着应使用简洁、直观的语言，避免行业术语或复杂的解释，同时通过重复和强调关键点来帮助学习者记忆重要信息。此外，故事讲述和案例研究也是提高内容吸引力和易记性的有效方法。

7.1.2　学术类 PPT 五大常见错误

1. 内容过载

PPT 页面上文字和信息太多，导致观众难以消化和记忆。

2. 设计不一致

使用不同的字体、颜色或布局，缺乏统一的视觉风格。

3. 缺乏交互性

没有包含互动元素，如问答或讨论环节，使得演示单调。

4. 未针对受众定制内容

没有考虑到受众的知识水平和兴趣，导致信息传递不准确。

5. 忽视时间管理

内容太多或讲解速度太慢，无法在预定时间内讲完所有内容。

7.1.3　AI 赋能两大类学术 PPT

1. 论文答辩

（1）AI 可以自动化设计 PPT，根据论文内容生成合适的图表、图像和文字。

（2）它能够理解论文的关键点，提供个性化配图，帮助学者更好地展示研究成果。

（3）它还可以优化排版、字体、颜色等细节，使 PPT 更具吸引力。

2. 课堂教学

（1）教师可以利用 AI 工具快速生成教学案例 PPT，减少手动制作的时间成本。

（2）AI 可以根据教材内容自动生成示意图、表格、流程图等，帮助学生更好地理解知识点。

（3）个性化建议和自动校对功能有助于提高教学材料的质量。

7.2　案例实操：AI 美化论文答辩 PPT

1. 案例背景

即将论文答辩，但是由于文字过多，很难凸显论文主要观点。

现实背景

绪论

理论基础与研
究假设

研究设计

学位论文工作
条件和计划

第一，长期以来，我国餐饮行业一直被认为是低端行业，餐饮行业呈现为一个劳动密集型行业，提供了从最初级原材料采购，到餐桌服务完成的全套服务，在所有行业中，餐饮行业服务链条呈现出长且劳动密集的行业特点，所以管理难度远大于其他行业。

第二，早期的餐饮企业是以个人流动摊贩的形式存在的，自主性与流动性很强，这种餐饮从食材采买、后厨加工、人员服务等都是由一或两个人来完成。

第三，伴随着餐饮企业规模化、连锁化、集团化的特点，使得餐饮连锁企业的管理者们，不再只关注前端简单对消费者的买与卖。管理意识开始全面铺开，除了店面前厅对消费者的服务，企业人员配置、原材料采购、食品安全、菜品研发等都纳入了管理者的视线当中。

3

2. AI 高效解决方案

（1）打开大模型 Kimi，在对话框输入如下指令

请帮我提炼下面这段话的重点，分为三点：第一，长期以来，我国餐饮行业一直被认为是低端行业，餐饮行业呈现为一个劳动密集型行业，提供了从最初级原材料采购，到餐桌服务完成的全套服务，在所有行业中，餐饮行业服务链条呈现出长且劳动密集的行业特点，所以管理难度远大于其他行业。第二，早期的餐饮企业是以个人流动摊贩的形式存在的，自主性与流动性很强，这种餐饮从食材采买、后厨加工、人员服务等都是由一或两个人来完成。第三，伴随着餐饮企业规模化、连锁化、集团化的特点，使得餐饮连锁企业的管理者们，不再只关注前端简单对消费者的买与卖。管理意识开始全面铺开，除了店面前厅对消费者的服务，企业人员配置、原材料采购、食品安全、菜品研发等都纳入了管理者的视线当中。

（2）大模型反馈

1）我国餐饮行业长期被视为劳动密集型行业，服务链条

长且管理难度大。餐饮行业从原材料采购到餐桌服务的全过程都需要大量人力资源，这使得其管理复杂性超过了许多其他行业。

2）早期餐饮企业多为个人流动摊贩，具有高度的自主性和流动性。这些小规模的餐馆在食材采购、后厨加工和顾客服务等方面通常由少数几个人独立完成，缺乏规模化和系统化的管理。

3）随着餐饮企业向规模化、连锁化、集团化发展，管理者的关注点不再局限于消费者服务的前端环节。管理意识开始向企业运营的各个方面扩展，包括人员配置、原材料采购、食品安全、菜品研发等，体现了对企业整体运营的全面关注和管理。

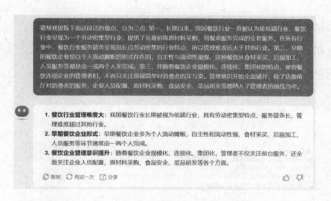

（3）制作 Markmap 格式

大模型输入指令，把这三点梳理为 Makmap 源代码格式，一级代码为现实意义，其余为二级，得到如下结果：

Plain Text

现实意义

我国餐饮行业长期被视为劳动密集型行业

– 服务链条长且管理难度大

– 从原材料采购到餐桌服务全过程需要大量人力资源

早期餐饮企业多为个人流动摊贩

– 具有高度的自主性和流动性

– 食材采购、后厨加工和顾客服务等由少数人完成

餐饮企业向规模化、连锁化、集团化发展

– 管理意识向企业运营的各个方面扩展

– 关注点包括人员配置、原材料采购、食品安全、菜品研发等

（4）打开 Markmap 官网

将大模型反馈的代码块复制，打开 Markmap 思维导图制作网站，把内容粘贴至左侧对话框。

home   try it out   docs

Open URL   Use solid color   Wrap long text   Embed assets ?   Limit expand level   Filter nodes   Learn more

```
1  # 现实意义
2  ## 我国餐饮行业长期被视为劳动密集型行业
3     – 服务链条长且管理难度大
4     – 从原材料采购到餐桌服务全过程需要大量人力资源
5  ## 早期餐饮企业多为个人流动摊贩
6     – 具有高度的自主性和流动性
7     – 食材采购、后厨加工和顾客服务等由少数人完成
8  ## 餐饮企业向规模化、连锁化、集团化发展
9     – 管理意识向企业运营的各个方面扩展
10    – 关注点包括人员配置、原材料采购、食品安全、菜品研发等
```

（5）快速得到思维导图

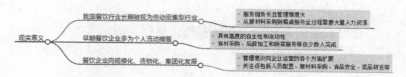

（6）将思维导图融入 PPT

调整思维导图大小，复制粘贴至 PPT，即可解决文字过多的问题。

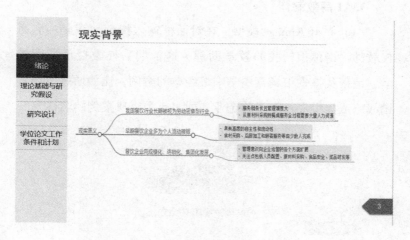

7.3　案例实操：AI 制作课程案例

1. 案例背景

新学期开设市场营销学这门新课，需要制作大量课堂案例 PPT 进行课堂互动。

2. 传统做法

（1）查阅资料

查阅大量的互联网、书籍资料，整理案例。

（2）寻找模板

寻找适合的 PPT 模板。

（3）制作模板

将案例复制到模板。

3. AI 高效制作

（1）打开 Kimi 大模型，在对话框输入指令"我是一名高校教师，请你担任我的教学助理，这学期需要教授市场营销学，请帮我检索市场营销学中最经典的案例，比如通过市场营销战略成为世界 500 强的企业，列出 5 个经典案例的名称"。

（2）大模型反馈

市场营销学是一个广泛且不断发展的领域，其中包含了许多经典的案例，这些案例往往展示了创新的营销战略如何帮助企业取得显著的成就。以下是五个经典的市场营销案例，它们展示了不同的市场营销战略如何助力企业成功：

可口可乐（Coca-Cola）：可口可乐是全球知名的饮料品牌，其成功的市场营销战略包括全球化的品牌推广、本地化的市场适应性以及强大的广告宣传。可口可乐通过创建一种普遍的品牌形象和情感联系，成功地将其产品定位为全球人们共同的"快乐时刻"的一部分。

苹果公司（Apple Inc.）：苹果公司的市场营销战略以其创新的产品发布、简洁而富有吸引力的广告以及独特的零售体验而闻名。苹果通过强调产品设计和用户体验，成功地将自己定位为高端科技品牌，吸引了一大批忠实的消费者。

宜家（IKEA）：宜家是全球最大的家具零售商之一，其成功的市场营销战略包括提供价格适中、设计感强的家具产品，以及独特的商店布局和购物体验。宜家通过目录销售和体验式购物，成功地吸引了广泛的消费者群体。

亚马逊（Amazon）：亚马逊是电子商务和云计算领域的领导者，其市场营销战略的核心在于提供便捷的购物体验、广泛的产品选择和高效的物流服务。亚马逊通过不断创新和优化其在线平台，成功地改变了消费者的购物习惯。

耐克（Nike）：耐克是全球著名的运动品牌，其市场营销战略包括与顶级运动员的代言合作、激励性的广告宣传以及对创新科技的投入。耐克通过建立强烈的品牌形象和文化，成功地吸引了全球的运动爱好者。

这些案例不仅展示了市场营销战略在帮助企业成长和品牌建设中的重要作用，同时也为市场营销学的教学提供了丰富的实践材料。通过研究这些案例，学生可以更好地理解市场营销的理论和实践，并学习如何将这些知识应用到实际的商业环境中。

> 我是一名高校教师，请你担任我的教学助理，这学期需要教授市场营销学，请帮找检索市场营销学中最经典的案例，比如通过市场营销战略成为世界500强的企业，列出5个经典案例的名称。

基于 9 篇资料 ∨

当然，以下是五个通过市场营销战略成为世界500强企业的案例：

1. **可口可乐**：可口可乐是全球知名的饮料公司，其成功的市场营销策略包括品牌定位、广告宣传和全球分销网络。可口可乐通过不断创新和维护品牌形象，保持了其在全球市场的领先地位。
2. **华为**：华为是中国领先的通信设备和智能手机制造商，其市场营销策略包括技术创新、品牌建设和全球市场拓展。华为通过不断推出具有竞争力的产品和优质的服务，赢得了全球消费者的认可。 ①
3. **星巴克**：星巴克是全球知名的咖啡连锁品牌，其市场营销策略包括品牌文化塑造、顾客体验优化和社会责任履行。星巴克通过独特的品牌文化和优质的顾客服务，成功在全球范围内扩展了其业务。 ①
4. **宜家**：宜家是全球知名的家具和家居用品零售商，其市场营销策略包括产品设计创新、价格竞争力和顾客体验优化。宜家通过提供高性价比的产品和良好的购物体验，赢得了全球消费者的青睐。 ①
5. **中国石油天然气集团有限公司**：中国石油是中国最大的石油和天然气公司之一，其市场营销策略包括资源开发、技术创新和国际市场拓展。中国石油通过不断优化资源配置和提升技术水平，成功在全球能源市场中占据了重要地位。 ③

📋 复制　🔄 再试一次　📤 分享　　　　　　　　　　　　　　👍 👎

（3）打开 WPS AI 制作

唤醒 WPS AI，将 5 个案例内容输入对话框，然后点击"生成大纲"。

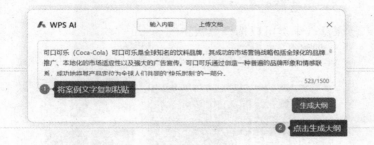

（4）大纲调整

生成的大纲可以根据实际需求进行修改。

（5）挑选模板

课堂教学类可以选择黑板主题。

（6）秒出 PPT

几秒钟的时间，AI 制作出了 23 页图文并茂的课堂案例PPT，大幅提升工作效率。

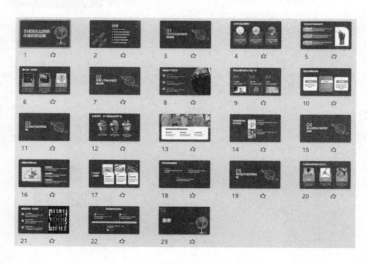

第8章 场景篇：AI 制作工作汇报类 PPT

8.1 AI 在工作汇报 PPT 制作中的应用概述

在现代职场中，工作汇报是展示成果、沟通进度和规划未来的重要手段。AI 技术的引入，使得工作汇报类 PPT 的制作更加高效、精准和专业。AI 不仅可以辅助内容的生成和设计，还能够根据汇报的目的和受众特点，提供个性化的建议和优化方案。

8.1.1 工作汇报类 PPT 的特点与结构

工作汇报类 PPT 需要清晰、专业且具有说服力，其结构通常包括以下几个部分。

1. 封面
简洁明了地展示汇报主题、汇报人和日期等基本信息。

2. 目录
清晰列出汇报的主要内容，便于受众跟踪。

3. 背景介绍

简要说明项目或工作的背景和重要性。

4. 进度概述

详细展示当前工作的进展情况和已完成的关键点。

5. 问题分析

分析工作中遇到的问题和挑战，并提出解决方案。

6. 成果展示

通过图表、图像等形式直观展示工作成果和效果。

7. 未来规划

阐述下一步的工作计划和预期目标。

8. 总结与提问

总结汇报要点，开放提问环节，与受众互动。

8.1.2 工作汇报类 PPT 制作的五大常见错误

1. 信息不突出

汇报内容应聚焦于关键信息，避免冗余和次要细节的干扰。

2. 缺乏数据支持

工作汇报应以数据和事实为基础，增强说服力。

3. 视觉效果不佳

设计应专业且符合企业形象，避免使用过于花哨的元素。

4. 逻辑不清晰

内容的逻辑性和连贯性对于受众理解至关重要。

5. 时间控制不当

汇报应控制在合理时间内，避免拖沓或过于仓促。

8.1.3　AI 赋能工作汇报类 PPT 的两大应用场景

在企业运营中，年终总结与业绩分析是评估工作成果、规划未来发展的关键环节。AI 技术的辅助能够使这一过程更加精准、高效，并提供深入的数据分析和可视化展示。以下是 AI 在年终总结与业绩分析类 PPT 中的两大应用场景。

1. 年终总结

AI 可以从大量文档和数据中提取关键信息，快速生成年终总结的框架和内容，包括重大事件、关键成就和经验教训等。

利用自然语言处理技术，AI 能够分析和总结全年的工作亮点和不足，为汇报人提供翔实的素材。

AI 还可以根据企业的品牌形象和文化，推荐合适的设计风格和模板，提升 PPT 的专业度和吸引力。

2. 业绩分析

AI 能够对接企业的业务系统，自动收集和整理全年的业绩数据，包括销售额、市场份额、客户满意度等关键指标。

通过数据挖掘和分析，AI 可以识别业绩变化的趋势和原因，帮助企业发现潜在的增长点和风险因素。

AI 辅助的动态图表和数据可视化功能，能够直观展示业绩变化和比较分析，使复杂的数据信息一目了然，便于理解和讨论。

8.2 案例实操：AI 制作销售业绩分析 PPT

1. 案例场景

我是一名公募基金银行渠道销售经理，一季度要向公司领导汇报我们的销售业绩，需要制作销售业绩分析 PPT。

	D22		fx	
	A	B	C	D
1	渠道经理	个人销量	必保任务(万)	
2	秦秦某	9795.27	1831.78	
3	王某某	2937.50	596.19	
4	李某某	1526.06	331.77	
5	张某某	3883.95	884.12	
6	刘某某	1392.21	375.60	
7	杨某某	3219.64	916.73	
8	朱某某	2674.97	798.28	
9	安某某	2135.39	813.88	
10	何某某	1647.78	653.44	
11	吴某某	1093.79	515.91	
12	陈某某	1830.12	931.63	
13	颜某某	1481.40	977.40	
14	侯某某	1316.83	922.07	

2. 传统做法

（1）梳理表格：将表格业绩排名等进行梳理。

（2）数据可视化：根据表格内容制作可视化图表。

（3）制作 PPT：找相关模板，把图片复制到 PPT 中。

3. AI 高效解决

（1）打开 Excel

全选表格后，点击右下角出现的 AI 数据分析器。

	A	B	C	D
1	渠道经理	个人销量	必保任务(万)	
2	秦秦某	9795.27	1831.78	
3	王某某	2937.50	596.19	
4	李某某	1526.06	331.77	
5	张某某	3883.95	884.12	
6	刘某某	1392.21	375.60	
7	杨某某	3219.64	916.73	
8	朱某某	2674.97	798.28	
9	安某某	2135.39	813.88	
10	何某某	1647.78	653.44	
11	吴某某	1093.79	515.91	
12	陈某某	1830.12	931.63	
13	颜某某	1481.40	977.40	
14	侯某某	1316.83	922.07	
15				
16				
17				
18				

（2）制作可视化图表

选择适合的可视化模板，此业绩表适合柱形图。

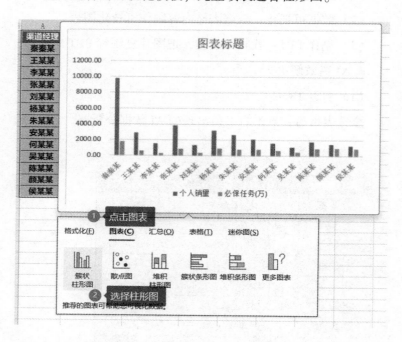

（3）AI 快速出图

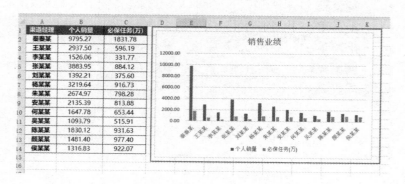

（4）文档上传大模型

将业绩排行文档上传至 Kimi 大模型。

（5）输入提示词

输入提示词"请帮我做一份销售业绩分析"，然后点击发送。

（6）AI 分析结果

AI 大模型快速根据表格进行业绩分析。

2. 销售业绩排名

我们可以对渠道经理按照个人销量进行排名，以识别销售业绩最好的经理。

- 第一名：秦某某，个人销量为9795.27。
- 第二名：杨某某，个人销量为3219.64。
- 第三名：张某某，个人销量为3883.95208542133。

3. 销售任务完成情况

分析每位渠道经理的销量与其必保任务的对比，了解哪些经理超额完成任务，哪些经理未达到预期目标。

- 超额完成任务：秦某某的销量远超必保任务，表现出色。
- 未达到任务：吴某某的销量未达到必保任务，可能需要进一步分析原因并提供支持。

4. 销售业绩提升潜力分析

通过对比销量和必保任务，我们可以识别出有潜力提升销售业绩的渠道经理。

- 提升潜力：王某某、李某某和刘某某的销量接近或略低于必保任务，通过适当的策略调整和激励措施，有较大可能提升业绩。

5. 销售策略建议

根据上述分析，我们可以提出以下销售策略建议：

- 激励优秀员工：对于销售业绩突出的渠道经理，如秦某某，可以给予奖励和表彰，激励其继续保持优秀表现。
- 提供支持与培训：对于未达到销售任务的渠道经理，如吴某某，可以提供额外的支持和培训，帮助其提升销售技巧和策略。
- 策略调整：对于有提升潜力的渠道经理，可以分析其销售过程中的不足之处，调整销售策略和目标，以实现更好的业绩。

通过以上分析，我们可以得出每位渠道经理的销售业绩情况，并据此制定相应的激励措施和改进策略，以提升整个销售团队的业绩表现。

8.3 案例实操：AI 制作年度总结

1. 案例背景

某银行私人客户经理需要做年度工作汇报 PPT，但是现在完全没有思路，这时候该怎么办呢？

2. 传统做法

（1）冥思苦想

每天琢磨个人一整年的工作亮点，发现没有亮点。

（2）模板硬套

网上找相关模板硬套进自己的工作。

（3）熬夜加工

临近汇报时候，赶鸭子上架，制作出 PPT 应付了事。

3. AI 高效解决

（1）AI 出灵感

打开 Kimi 大模型，输入提示词"银行私人客户经理岗位年终总结，列举今年做的主要事情，包括信用卡、存款、保险、基金销售"。

（2）AI 出模板

Kimi 大模型快速给出汇报模板，只需要根据自己的实际情况，填写个人业绩即可。

作为银行私人客户经理，我的年终总结如下：

一、信用卡业务推广

·客户拓展：通过市场调研和客户分析，成功开发了 150 位新客户，发放信用卡 200 张。

·活动促销：策划并执行了两次信用卡促销活动，提高了客户使用信用卡的频率和额度，促进了信用卡交易量的增长。

·风险管理：加强了对信用卡申请的审查流程，有效控制了逾期和坏账率，确保了信用卡业务的健康发展。

二、存款业务增长

·定期存款：推广高息定期存款产品，吸引了大量客户资金，存款总额增加了 3000 万元。

·客户关系：通过定期回访和个性化服务，增强了客户的信任和满意度，提高了存款的稳定性和续存率。

·资金配置：优化了资金配置方案，为客户提供了更为合理的资产配置建议，提升了资金的使用效率。

三、保险产品销售

·产品培训：组织了 4 次保险产品知识培训，提升了团队的专业知识和销售技能。

·销售策略：根据客户的不同需求，推荐适合的保险产品，实现了保险销售额的稳步增长，年度总销售额达到了 500 万元。

·售后服务：加强了对客户的售后服务，确保了客户在购买保险产品后能够得到及时有效的理赔支持。

四、基金销售与咨询

·市场分析：定期为客户提供市场趋势分析和基金投资建议，帮助客户把握投资机会。

·基金推荐：成功为客户推荐了多款表现良好的基金产品，客户投资回报率平均提升了 10%。

·资产配置：根据客户的财务状况和风险偏好，提供了个性化的基金投资组合，帮助客户实现了资产的多元化配置。

五、客户关系维护与拓展

·客户活动：成功举办了多场客户答谢活动和财富管理讲座，加强了与客户的互动和沟通。

·个性化服务：提供了一对一的财务咨询服务，帮助客户制定和调整个人及家庭的财务规划，提升了客户满意度和忠诚度。

在过去的一年中，我始终坚持以客户为中心，不断提升自身的专业能力和服务水平，努力为客户提供优质的金融服务。在未来的工作中，我将继续努力，不断探索和创新，为客户提供更加全面和专业的财富管理服务。同时，我也会密切关注市场动态和客户需求，以实现业绩的持续增长。

（3）导入讯飞智文 PPT

使用讯飞智文的文本生成 PPT 功能，点击"文本创建"，将文档内容复制粘贴至文本框后点击"下一步"生成 PPT。

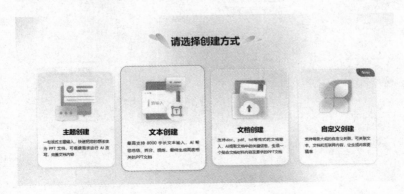

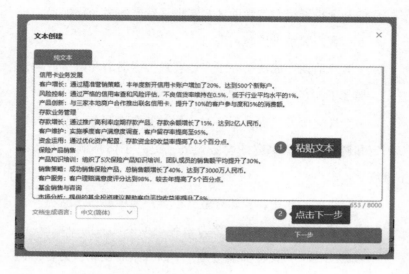

（4）AI 快速生成 PPT

通过大模型给灵感，AI 快速制作，高效完成年终总结 PPT。

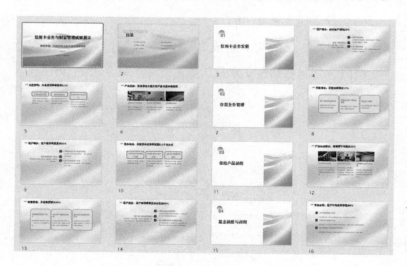

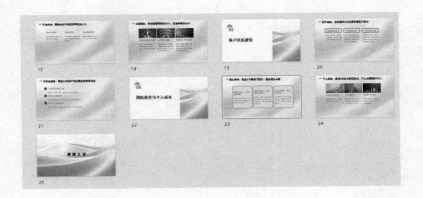